300
ANIMALCULES INFUSOIRES,

DESSINÉS A L'AIDE

DU

MICROSCOPE,

PAR

M. PRITCHARD DE LONDRES.

SIX PLANCHES GRAVÉES SUR ACIER, ACCOMPAGNÉES D'UN TEXTE EXTRAIT DE L'OUVRAGE DU MÊME AUTEUR,

ET

PUBLIÉ PAR

CHARLES CHEVALIER,

Ingénieur-opticien, l'un des premiers lauréats à l'exposition de 1834, premier constructeur en France des microscopes achromatiques, etc.

Paris.

CHARLES CHEVALIER,
Palais-Royal, 163.

1838

IMPRIMERIE D'ÉDOUARD PROUX ET COMP.,
rue Neuve-des-Bons-Enfans, 3.

Lorsque la science marche elle doit ressembler à la vérité qui, dans sa route, déchire successivement les voiles qui l'entourent, et se montre enfin dans tout son éclat. Il est des époques où la progression est si rapide, qu'à peine a-t-on le temps de revenir de l'éblouissement déterminé par les découvertes nombreuses qu'enfante coup sur coup le génie de ces hommes rares à qui la nature semble avoir donné la mission de découvrir ses merveilles.

Alors que la science des recherches microscopiques était encore dans l'enfance, que la découverte des plus grossiers détails passait pour extraordinaire, s'il s'était trouvé un homme qui eût dit : « Ces découvertes ne sont que les premiers degrés de l'échelle, au sommet sont les merveilles ! Dans une seule goutte d'eau des myriades d'êtres naissent, se développent, vivent et se reproduisent soumis à des besoins, à des passions comme les êtres de l'ordre le plus élevé, soumis comme eux à toutes les lois de la nature qui les rappelle enfin au point de départ où s'établit l'égalité générale; » à cet homme on eût répondu par des mots de pitié, heureux encore s'il n'eût pas éprouvé le sort des martyrs de la science.

Aujourd'hui ce nouveau monde est découvert; bien plus, il existe des classifications! Ces êtres imperceptibles à l'œil nu, sont rangés méthodiquement par familles, par genres. Les phénomènes de leur existence, de leur développement, de leur reproduction, ne sont plus un mystère. La physique, cette science universelle, nous a dévoilé ces admirables secrets, et si l'on n'est pas arrivé au sommet de l'échelle, c'est que la nature est infinie.

Frappés de cet admirable spectacle, de laborieux observateurs ont consacré leur existence à l'etude de ce monde invisible. Le nombre des infusoires s'est accru chaque jour; on a surpris leurs formes, leurs mœurs, et l'histoire naturelle embrasse de nouveaux domaines. Pour nous, simple observateur caché dans la foule, notre mission n'est pas de révéler des mystères, mais bien de contribuer de tout notre pouvoir à la propagation de la science.

Les recherches continuelles que nous faisons depuis 1823 dans le désir d'améliorer les instrumens destinés à de si belles découvertes, nous ont mis dans l'obligation de connaître les différens travaux qui peuvent avoir quelques rapports avec notre genre d'études. Nos relations si précieuses avec un grand nombre de savans, ont été pour nous une autre mine explorée avec une scrupuleuse attention.

Nous croyons qu'il peut être utile de communiquer ce que nous avons acquis, c'est là le but des NOUVELLES INSTRUCTIONS SUR L'USAGE DES MICROSCOPES, que nous allons prochainement publier.

Dans le principe, cet ouvrage devait être suivi d'un extrait de celui de Pritchard sur les infusoires, mais des circonstances indépendantes de notre volonté ayant retardé cette publication, nous avons pensé que les amateurs nous sauraient gré de leur donner préalablement l'abrégé sur les infusoires.

Nous le répétons, cet opuscule n'est qu'un extrait de l'ouvrage de Pritchard où se trouvent des détails importans sur les divers individus, leurs habitudes et leur classification. Ayant acquis de l'auteur la propriété des planches, nous joignons à notre abrégé les figures de plus de trois cents infusoires gravées sur acier, en Angleterre. Notre but est de mettre les amateurs à même de reconnaître et de nommer les individus qu'ils rencontreront dans leurs recherches, et de leur fournir quelques indications sur les moyens de se procurer les infusoires.

Ce petit travail sera le complément indispensable de nos instructions sur l'usage des microscopes, où l'on trouvera tous les renseignemens nécessaires pour voir, avec la plus grande netteté, les animalcules, et en général tous les objets soumis à l'instrument.

Charles Chevalier.

INTRODUCTION.

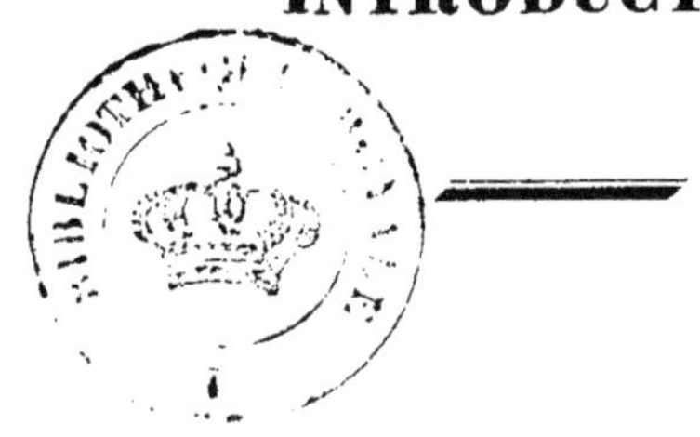

Parmi les nombreux objets dont le microscope nous a révélé l'existence et les caractères, la classe des êtres désignés sous le nom d'*animalcules infusoires* est peut-être la plus remarquable si l'on considère que des myriades d'atomes vivans (car dans la série des animaux on ne saurait leur assigner d'autre dénomination) agissent et se meuvent dans la plus petite goutte d'eau, avec autant de rapidité et de facilité que s'ils étaient dans un océan sans bornes.

L'intérêt le plus vif s'emparera de l'esprit de tout homme habitué à méditer sur les perfections de la nature et à reconnaître avec admiration la main qui la dirige à travers l'immense variété de ses œuvres merveilleuses.

Nos connaissances sur les plus petites parties de la création étant principalement acquises au moyen du microscope, toutes les améliorations dont cet utile instrument a été l'objet, ont naturellement contribué à en augmenter successivement la masse. Le haut degré de perfection que le microscope a acquis de nos jours doit faire espérer que de nouvelles investigations, dirigées dans un bon esprit, amèneront des découvertes propres à satisfaire la curiosité personnelle et à procurer à la science des résultats importans.

Durant plusieurs années après la publication du célèbre ouvrage de Muller, intitulé: *Animalcula infusoria* (1786), l'étude de cette partie de l'histoire naturelle était demeurée stationnaire, si toutefois elle n'était pas entièrement abandonnée. De nos jours cette science a revêtu ce que l'on peut appeler une forme régulière résultant des matériaux les plus précieux, c'est-à-dire de la réunion de faits positifs enfantés par l'observation pratique la plus scrupuleuse.

L'état avancé où elle est parvenue aujourd'hui, est dû principalement aux travaux du docteur Ehrenberg, en ce qui regarde la classe des phytozoaires.

Lamark, en 1815, et Cuvier, en 1817, avaient considérablement amélioré la classification des animalcules infusoires; mais les systèmes introduits par ces deux naturalistes n'étant pas fondés sur un examen attentif des individus eux-mêmes, j'ai cru devoir suivre dans ce petit traité les classifications données par Muller et par le docteur Ehrenberg.

Le mot *animalcule* ne signifie rien autre chose que

le diminutif d'*animal* (1) : il est communément employé pour désigner les petits êtres vivants qui se trouvent dans les liquides et dont l'extrême ténuité ne permet l'étude ni même la vue à l'œil nu. Tels sont, par exemple, ceux qui se trouvent en si grand nombre dans les infusions végétales et animales.

Les différentes classifications dont ces animalcules extraordinaires ont été l'objet, reposent principalement sur des caractères tirés de leurs dimensions et de leurs formes extérieures.

Jusqu'à ce que l'on ait eu la pensée de mêler au liquide qui leur sert de nourriture, des matières colorantes (expérience qui a été féconde en résultats), les infusoires furent considérés comme dépourvus d'organisation intérieure ; on pensait qu'ils se nourrissaient par absorption. Cette erreur a disparu depuis qu'on a trouvé le moyen d'introduire dans leur intérieur des substances colorées qui ne paraissent d'ailleurs exercer sur eux ou sur leurs fonctions aucune influence fâcheuse. Par ce procédé on a reconnu dans quelques infusoires une organisation intérieure égale, sinon supérieure, à celle de plusieurs grands animaux invertébrés. Ces petites créatures ont un système musculaire, un système

(1) M. le colonel Bory de Saint-Vincent, dans un savant travail inséré dans son *Dictionnaire classique d'Histoire Naturelle*, a proposé le nom de *Microscopiques* pour désigner les infusoires ou animalcules. C. C.

nerveux, et, selon toute probabilité, un système vasculaire, admirablement disposés pour accomplir leurs fonctions respectives.

La partie la plus évidente de leur organisme intérieur est, sans contredit, celle qui sert aux fonctions digestives. Le docteur Ehrenberg l'a choisie comme base principale de sa classification où les animalcules dits phytozoaires sont partagés en deux grandes divisions : les polygastriques et les rotatoires. Les premiers ont plusieurs estomacs ou sacs digestifs distincts; les seconds sont pourvus d'un véritable canal alimentaire et d'organes rotatoires formés de cils disposés de manière à faire arriver dans la bouche les objets nécessaires à l'alimentation. Ces deux divisions principales des phytozoaires sont ensuite subdivisées en familles et en sections.

Suivant leurs dispositions, les cils servent aux animalcules d'organes de locomotion et les font, dans plusieurs cas, nager avec la plus grande rapidité. Ces appendices paraissent roides comme les cils des yeux, et d'après la description que donne Ehrenberg de plusieurs de ceux qu'il a observés, ils ont pour base une espèce de substance bulbeuse et sont mus en différentes directions par des fibres musculaires, déterminant ainsi dans l'eau un courant qui entraîne vers la bouche des animalcules l'eau et les substances qui servent à leur nourriture. Ces cils sont quelquefois disposés autour de certains organes de forme circulaire; leurs vibrations particulières qui leur donnent l'apparence d'un mouvement rotatoire, les ont fait nommer organes rotatoires.

Parmi les autres caractères que présentent à l'extérieur les animalcules infusoires, il faut distinguer :

Les *soies* mobiles qui agissent probablement comme les nageoires des poissons et facilitent les moyens de ocomotion ;

Des espèces de crochets ou appendices recourbés à leur extrémité, servant, aux infusoires, à se fixer sur l'objet qui leur convient.

Les styles fixés à leur base diffèrent des cils en ce sens qu'ils ne peuvent produire de mouvement rotatoire. Ces appendices sont d'ailleurs plus flexibles et ont plus de jeu que les soies.

Indépendamment de ces caractères distinctifs, plusieurs animalcules jouissent de la singulière facilité de faire sortir de leur corps ou d'allonger certaines parties qui prennent ainsi l'apparence de pattes ou nageoires. Ces appendices, nommés *appendices variables*, permettent aux animalcules de marcher ou de nager.

Les figures 8 à 12, 154 et 155, donnent une idée de cette singulière conformation.

Je passe maintenant aux divers moyens à employer pour acquérir une connaissance plus intime de cet intéressant sujet.

C'était autrefois une hypothèse favorite chez les naturalistes, de présenter les infusoires comme des êtres qui se nourrissaient par l'absorption cutanée. Ils pensaient aussi qu'on ne parviendrait pas à découvrir des organes propres à l'alimentation et à la digestion. *Le baron Gleichen fut le premier qui soumit à l'épreuve la vérité de cette théorie :* il avait mis du carmin dans l'eau contenant des animalcules, et il avait remarqué que dès le second jour, certaines parties seulement de l'intérieur du corps étaient remplies de matière colorante, ce qui démontrait évidemment l'existence d'organes alimentaires. Néanmoins Gleichen ne poursuivit pas ses recherches sur ce sujet; c'est aux expériences du docteur Ehrenberg que nous devons la description des différentes formes de ces organes.

De nouvelles expériences ont fait reconnaître qu'il était nécessaire d'employer des matières colorantes végétales telles que le carmin et l'indigo dans leur état naturel. C'est en opérant ainsi et avec l'aide d'excellens microscopes, que le docteur Ehrenberg est parvenu à étendre considérablement le cercle des connaissances très imparfaites qu'on possédait avant lui sur cette partie de l'histoire naturelle.

Avant d'indiquer la manière d'examiner les infusoires sous le microscope, je dirai quelque chose des moyens à employer pour s'en procurer.

Toutes les parties des végétaux, les tiges, les feuilles, les fleurs, les graines, peuvent être mises en infusion; mais il faut avoir grand soin qu'il ne s'y trouve aucune parcelle de quinquina. Les substances végétales sont mises dans de l'eau claire. Plusieurs jours après, si le vase qui les contient n'a pas été agité, il se forme à la surface du liquide une pellicule qui, examinée à l'aide du microscope, se montrera remplie de divers animalcules. Les premiers qui se présentent sont ordinairement de l'espèce la plus simple, (*les monades*). Après plusieurs jours, le nombre en devient tellement prodigieux, qu'il est impossible de supputer la quantité de ceux qui se trouvent dans la plus petite goutte de liquide. Plus tard, ce grand nombre diminue, et j'ai presque toujours observé qu'à ces premières espèces succèdent d'autres animalcules d'un volume plus considérable et d'une organisation plus parfaite : ce sont, par exemple, les *cyclides*, les *paramécies*, les *kolpodes*, etc.

Il convient toutefois de faire remarquer ici que la production des animalcules ne suit pas une règle constante, même dans des infusions semblables. Si le vase a une certaine capacité, et si d'ailleurs il est placé dans des conditions favorables de température et d'exposition, il s'y développe successivement les plus grandes espèces d'animalcules, telles que les *vorticelles* et les *brachions*. Ainsi une seule et même infusion récompensera dela faible peine qu'on aura prise à la faire, par une très grande variété d'espèces. L'eau dans laquelle on a fait macérer des fleurs, produit aussi des animalcules en abondance, et sir G. Leach a remarqué que les godets en plomb remplis d'eau qui se mettent dans les cages des oiseaux, en contiennent plusieurs espèces, notamment des *rotifères.*

On peut aussi se procurer des animalcules microscopiques de toutes sortes, en puisant de l'eau dans les bas fonds des étangs, près des bords, et surtout dans le voisinage des plantes aquatiques.

Il est presqu'impossible de présenter à l'esprit, autrement que par des figures, une idée exacte des différentes formes qu'affectent les animalcules infusoires, car ces êtres extraordinaires ne ressemblent à aucune autre production de la nature. Je n'ai épargné ni soins ni dépenses pour que les dessins qui accompagnent cet ouvrage représentassent aussi exactement que possible les animalcules, tels qu'ils apparaissent sous le microscope. Je ne prétends pas dire que les nombreuses figures que je donne reproduisent toutes avec la dernière rigueur les plus petits détails de structure des êtres microscopiques. Pour quelques uns, l'exactitude est complète ; mais c'eût été un travail immense que d'appliquer à toutes les espèces figurées, le même soin d'exécution. C'est déjà beaucoup que d'être parvenu à présenter des dessins assez corrects pour faciliter l'étude et les recherches, et d'en avoir réuni la collection la plus exacte et la plus complète qui ait encore été offerte au public.

Par l'inspection des figures, on verra que quelques animalcules ressemblent à des sphères, d'autres à des œufs ; il en est qui représentent des fruits de différentes espèces, des anguilles, des serpens et plusieurs animaux invertébrés; des entonnoirs, dès toupies, des cylindres, des cruches, des roues, des flacons, etc., etc. Tous ont leurs habitudes particulières et vivent de la manière la plus conforme à leurs diverses structures. Les uns se meuvent dans l'eau avec une rapidité extraordinaire, d'autres au contraire paraissent inertes, et exigent, pour faire apercevoir leur vitalité, des observations longues et patientes. Il en est qui sont mous et s'écrasent facilement, d'autres qui sont recouverts d'une coquille délicate, ou d'une enveloppe semblable à de la corne. Elle offre divers degrés de densité, ainsi que dans le *volvox*, le *gonium*, dont l'enveloppe est épaisse relativement aux autres; chez ces infusoires la partie molle se reproduit par la division multiple, et les divisions constituent autant de jeunes individus qui, à leur naissance, crèvent leur enveloppe, détruisant ainsi les moindres vestiges de l'animalcule qui les a produits.

Plusieurs infusoires sont simplement couverts d'une lame qui ressemble à l'écaille des tortues; quelquefois elle entoure complètement l'animal en ne laissant que deux petites ouvertures aux extrémités; chez d'autres, ces écailles sont bivalves ainsi que celles qui renferment les huîtres et les moules.

En se reportant aux planches, on pourra reconnaître assez exactement les modes tout-à-fait extraordinaires de reproduction des animalcules infusoires.

Les animaux vertébrés sont ou *ovipares* ou *vivipares;* ces mots désignent suffisamment la manière dont ils se propagent. Il n'en est pas de même à l'égard des animalcules ; car, outre ces deux premiers moyens de reproduction, ils en ont d'autres qui leur sont propres :

1° La division spontanée de leur corps en une ou plusieurs parties constituant autant d'individus qui, parvenus à leur entier développement, jouissent de toutes les facultés attribuées à leur classe. Dans quelques genres, cette séparation a lieu d'une manière symétrique (dans le *gonium*, etc.); dans d'autres elle s'opère par sections transversales, longitudinales ou diagonales, et, dans ce dernier cas, les parties détachées ont souvent une apparence différente de celle qui distingue les individus dont elles se séparent. Ainsi, par exemple, la figure 160 représente l'animalcule détaché par division transversale de celui représenté figure 159. Cette circonstance, je dois le faire observer, est quelquefois une difficulté lorsqu'il s'agit de déterminer les espèces.

2° Ils se reproduisent ainsi que les volvox et quelques autres genres, par la distribution de la substance intérieure d'un individu, en plusieurs petits ; en prenant ainsi naissance, ils abandonnent l'enveloppe commune qui ne tarde pas à disparaître.

3° Par boutures qui se développent sur le côté du corps de certaines espèces, et s'en détachent ensuite, ainsi qu'on le voit figure 218.

4° Enfin par l'émission d'une espèce de frai, qui entraîne avec lui une portion du corps de l'animalcule éjaculateur. Voir les figures 79, 80.

Pour observer convenablement les animalcules infusoires au microscope, il convient d'employer les glissoirs aquatiques dont j'ai donné la description dans le *Microscopic cabinet* (1). On peut aussi se servir d'une bande de glace sur laquelle on met une goutte d'infusion que l'on couvre d'une lame mince de mica : cette lame mince a pour effet d'empêcher la trop prompte évaporation du liquide et d'en rendre la surface plane.

Aucun ouvrage anglais sur le microscope n'a indiqué de méthode particulièrement applicable à la mensuration des objets observés ; ce point étant à mon avis d'une grande importance, je dirai le moyen que j'emploie. On peut sur des glissoirs aquatiques ou des lames de verre, tracer facilement avec un diamant des lignes croisées, et former ainsi des carrés d'égale grandeur. En plaçant les infusoires sur un verre ainsi divisé, par exemple en 500es de pouce, on a un bon moyen d'en apprécier la grandeur réelle ; en effet, si l'un des animalcules observés ne couvre que la moitié de l'espace compris entre deux des lignes de la division, il est évident que sa dimension est égale à un millième de pouce ;

(1) The microscopic cabinet, par le docteur Goring et Pritchard, in-8°. Londres.

s'il couvrait l'espace de deux divisions, il aurait 1-250e de pouce. Ainsi avec un peu de pratique et si l'on est d'ailleurs pourvu de plusieurs micromètres d'échelles différentes, on n'éprouvera aucune difficulté à mesurer les dimensions exactes des corps observés au microscope (1).

Quand un objet est choisi et placé sur la platine du microscope, il faut encore régler l'éclairage et déterminer le grossissement qui lui convient le mieux. Ces deux points doivent être soigneusement étudiés, car la beauté des effets, même dans les meilleurs microscopes, dépend surtout de ces deux conditions importantes.

Pour l'observation des animalcules infusoires, le microscope achromatique bien construit, a sur tous les autres un immense avantage. Il a un vaste champ, se manie avec facilité, et d'ailleurs il est applicable à l'examen de tous les objets. A défaut d'un instrument de ce genre, il convient de faire usage de bons doublets qui jouissent d'un haut pouvoir pénétrant et définissant. A ces précieuses qualités ils joignent le mérite d'avoir moins d'aberrations que les verres

(1) La description des différens micromètres et des procédés nombreux de micrométrie ne saurait trouver place dans ce petit abrégé. Tous ces détails intéressans, ainsi que la manière d'éclairer les objets, le choix des amplifications, etc., etc., sont exposés dans nos NOUVELLES INSTRUCTIONS SUR L'USAGE DES MICROSCOPES. C. C.

simples. Enfin, si l'on se trouvait dans l'impossibilité de se procurer les espèces de microscopes que je viens d'indiquer, on pourrait encore, en employant de bonnes lentilles simples bien montées, observer les animalcules des infusions avec plaisir et avec fruit.

INFUSOIRES.

CLASSIFICATION DE MULLER.

A. *Pas d'organes extérieurs.* — 1. ORGANISATION LA PLUS SIMPLE.

Monas	(en forme de point)
Proteus	(changeant)
Volvox	(sphérique)
Enchelis	(cylindrique)
Vibrio	(allongé)

2. MEMBRANEUX.

Cyclidium	(ovale)
Paramæcium	(oblong)
Kolpoda	(échancré)
Gonium	(anguleux)
Bursaria	(creux)

B. *Organes extérieurs.* — 1. NUS.

Cercaria	(ayant une queue)
Trichoda	(poilu)
Kerona	(cornu)
Himantopus	(ayant une touffe de poils)
Leucophra	(entièrement couvert de cils)
Vorticella	(bouche garnie de cils)

2. CORPS COUVERTS D'UNE COQUILLE.

Brachionus	(bouche garnie de cils)

1er GENRE. — MONAS.

Ce genre renferme les plus petits de tous les animalcules dans lesquels (même avec les meilleurs microscopes), on ait pu observer un mouvement volontaire. Long-temps ce mouvement a été le seul signe de vitalité qu'on ait distingué dans ces animaux; mais grâce aux procédés d'expérimentation récemment mis en usage par le D. Ehrenberg, on reconnaît chez eux maintenant une organisation aussi complète que celle des animaux d'une dimension beaucoup plus considérable.

Les monades, généralement d'une forme très simple, ont le corps sphérique ou cylindrique sans aucun appendice extérieur. Leur bouche très difficile à apercevoir, est seulement un orifice dépourvu de cils ou poils, excepté dans une ou deux espèces. Les monades sont incolores et très transparentes. On ne peut voir de leurs organes intérieurs que les parties qui servent aux fonctions digestives : ce sont deux ou plusieurs cavités ou sacs globuleux, qui communiquent probablement entr'eux par des conduits tubulaires, semblables à ceux qu'on observe dans les plus grands infusoires polygastriques, mais qui dans ce genre sont trop ténus pour être distingués : on ne peut même convenablement examiner les sacs digestifs ou estomacs des monades, qu'autant que l'eau dans laquelle ils existent a été teinte avec une matière végétale colorante, car, sans cette précaution, la nourriture prise par ces animalcules étant d'une transparence égale à celle qui leur est propre, ne laisserait dans leur intérieur aucune trace sensible.

Les monades se multiplient par la division d'un individu en deux ou plusieurs autres, qui se subdivisent également lorsqu'ils ont atteint leur entier développement.

Les monades se recommandent à l'attention des observateurs, surtout à cause de leur extrême ténuité : elles forment la dernière limite de nos connaissances sur la nature animée. Leur diamètre variant de 1/1,200 à 1/24,000ᵉ de pouce (1), il faut, pour les voir, se servir des plus forts grossissemens. Ces animalcules se trouvent à la surface des infusions végétales ou animales, en un nombre véritablement prodigieux. Aux dix espèces décrites par Muller, Ehrenberg en a ajouté cinq nouvelles :

FIG.	1.	**Monas**	termo	
	2.		atomus et lens	
	3.		punctum	bodo punctum (E.) (2).
	4.		guttula	(E.)
	5.		mica	
	6.		uva	

(1) Il s'agit ici du pouce anglais, ou $\frac{1}{36}$ *du yard* qui équivaut à 2,539,954 centimètres.

(2) Les noms des infusoires sont ceux donnés par Muller, mais on a autant que possible placé en regard les dénominations d'Ehrenberg; elles sont indiquées par un E.

On trouve ce genre d'infusoires dans l'eau pure, limpide, pendant l'été, quelquefois dans l'eau de mer long-temps conservée ; dans les eaux salées, l'eau des marais au printemps, ainsi que dans les infusions de champignons.

2ᵉ GENRE. — PROTEUS.

Ce genre contient des animalcules plus grands que les précédens, et dont la conformation est excessivement curieuse. Leur observation est intéressante non pas autant par la complication de leur organisme, qui est plus simple que celui des vorticelles, que par la singulière faculté qu'ils possèdent de varier leurs formes, en dilatant et en contractant leur corps de diverses manières. Ces mouvemens s'effectuent avec lenteur, et l'on a tout le temps nécessaire pour suivre les diverses transformations.

Voici, d'après Muller, les caractères génériques des protées : « Animalcules à forme changeante, jouissant de la propriété de faire saillir volontairement des appendices variables en forme de pattes. » Ce naturaliste n'en connaissait que deux espèces. Schrank en a ajouté deux autres, et Sozano, dans les *Transactions de l'académie de Turin*, vol. 29, en décrit soixante-neuf.

Fig.			
8, 9, 10, 11 et 12.	Proteus	diffluens	(amoeba diffluens, E.)
7.		tenax	

Se trouvent parmi les lentilles d'eau (Lemma major), au mois de mars, l'eau de rivière, surtout le *p. tenax*. Les figures indiquent les diverses formes que prennent ces animalcules.

3e GENRE. — VOLVOX.

Les animalcules qui composent le genre *volvox*, ont une forme globuleuse et tournent dans l'eau. Quelques espèces sont assez grandes pour être vues à l'œil nu. Ehrenberg n'a pu distinguer l'appareil digestif des volvoces, mais il pense qu'il est semblable à celui des monades. C'est à ce genre qu'appartient le bel animalcule appelé *volvox globator* qui est si curieux à observer au microscope solaire.

Fig.	13.	Volvox	granuitum
	14.		pilula
	15.		socialis
	16, 17.		morum
	18.		lunula
	19, 20, 21.		vegetans
	22.		globator

Eau de mer corrompue, marais en juin, au printemps et en automne avec le *cercaria viridis*, à la surface des étangs couverts d'une pellicule d'un vert sombre, en septembre et durant les derniers mois de l'année. Muller en a trouvé dans l'eau de rivière en novembre; il a aussi recueilli le *v. socialis* sur le *chara vulgaris;* il en existe dans les mares couvertes de végétations, parmi les lézards et les grenouilles. On prétend qu'une infusion de chénevis fournit abondamment le *globator*.

4e GENRE. — ENCHELIS.

Suivant Muller, ce groupe d'animalcules contient vingt-sept espèces. Ses caractères généraux sont : *Animalcules microscopiques simples, d'une forme cylindrique.*

L'enchelis deses est classé par Ehrenberg dans un nouveau genre établi par lui sous le nom de *bacterium*, et dans lequel il a placé dix espèces nouvelles. Il est probable qu'à l'aide de bons instrumens et par de patientes observations, on reconnaîtra plus tard que plusieurs des animalcules donnés comme espèces distinctes, ne sont tout simplement que des individus semblables observés à différentes époques de leur accroissement.

Les dimensions des enchelides variant beaucoup suivant les espèces, il est nécessaire de faire usage de différens grossissemens (de 200 à 500 diamètres). Si l'on a l'occasion d'observer ces animalcules avec des microscopes de constructions différentes mais d'un même pouvoir, on acquerra la preuve que dans ces instrumens la condition d'amplification n'est pas la seule nécessaire pour faire voir convenablement les détails délicats de la structure des corps observés.

Fig.	23.	Enchelis	viridis	
	24.		punctifera	
	24'.		ovulum	
	25, 26.		fritillis	
	27.		fusus	
	28.		caudata	
	29.		epistomium	
	30.		retrograda	
	31.		festinans	
	32, 33.		index	
	34.		spathula	
	35.		truncus	
	36 à 41.		pupa et farcimen	
	65.		deses	(bacterium deses, E.)

Eau croupie, marais en septembre, les infusions de foin et d'herbe. Muller a trouvé l'*intermedia* dans une infusion du *leucajon fluviatilis* ; ils se rencontrent aussi dans l'eau de mer et celle de rivière croupie, dans la matière verte qui s'attache aux parois des vases où l'on a conservé cette eau. Parmi les lentilles d'eau ; on en a trouvé en novembre dans l'eau qui coule du fumier.

5e genre, — VIBRIO.

Le grand nombre d'individus qui prennent place dans le genre vibrion, la structure, la forme et la dimension de plusieurs des espèces, peuvent fournir la matière de beaucoup d'observations intéressantes.

Rien n'est plus curieux à examiner avec un bon microscope, que la structure des vibrions *anguillula* et *spirillum*, ainsi que les mouvemens singuliers du v. *olor*, etc.

Considéré sous le point de vue scientifique, le genre vibrion est le moins bien déterminé de ceux établis par Muller. Dans ce groupe se trouvent à la fois des animalcules membraneux et des animalcules crustacés ; il en est d'aussi déliés qu'un fil ; d'autres qui sont presque aussi épais que larges. Plusieurs ont une organisation si complète, que quelques naturalistes modernes n'ont point hésité à les exclure de la famille des phytozoaires ; d'autres, enfin, se distinguent difficilement des végétaux.

Pour diminuer en partie cette confusion, sans compliquer la classification, j'en ai fait trois catégories : la première et la plus simple exige un pouvoir amplifiant de 200 à 500 fois ; la seconde et la troisième comprennent des individus tellement variables par leurs dimensions, qu'on en aperçoit quelques uns avec un grossissement moins fort de plus de moitié, et que d'autres se montrent même à l'œil nu.

Le genre vibrion est ainsi défini par Muller : « Ver invisible, très simple, arrondi et un peu allongé. »

PREMIÈRE DIVISION.

FIG. 42.	Vibrio	tripunctatus (navicula tripunctata, E.)
43.		paxillifer
44.		lunula

2e DIVISION.

45.	rugula	
46.	spirillum	(spirillum volutans, E.)
47.	malleus	
48.	sagitta	
49.	colymbus	
50, 51.	strictus	
166, 168, 170.	fasciola	(trachelius fasciola, E).
52, 53.	olor	(lacrymaria olor, E).
54.	anser	(amphileptus anser, E).

3e DIVISION.

55.	serpentulus	(amblyura serpentulus, E.)
56.	coluber	
57.	marina	

Se trouvent habituellement par groupes au fond des mares, quelques uns viennent à la surface après la pluie et donnent à l'eau une teinte verte. On en prend dans le fond des fossés qui contiennent de l'eau; en général, il faut les conserver dans le liquide où ils ont été pris, car l'eau fraîche les tue bientôt. Ils se rencontrent encore dans l'infusion de *paramæcium aurelia* en septembre, dans les marais en novembre, les infusions végétales dans l'eau douce ou salée, l'eau de mer croupie, les sources vives, l'eau limpide des rivières, sous les lentilles d'eau, dans les eaux stagnantes, parmi les conferves, dans le vinaigre, la colle de pâte et le blé attaqué de rouille, plongé dans l'eau après avoir été ouvert.

6e GENRE. — CYCLIDIUM.

Les cyclides sont des animalcules de forme aplatie, ronde ou ovale; ils sont dépourvus de cils. Leur transparence est si grande que les plus délicates gravures ne peuvent reproduire que faiblement l'admirable éclat qui leur donne l'apparence du cristal.

Fig. 58, 59, 60, 61.	Cyclidium glaucoma	
192, 194.	scintillans	(glaucoma scintillans, E.)
62.	nucleus	
63, 64.	dubium	

Infusions de foin, eaux stagnantes. Le *cycl. pediculus* se trouve sur les polypes; on peut en rencontrer parmi les lentilles d'eau.

7e GENRE. — PARAMOECIUM.

Les individus qui forment ce genre sont membraneux, longs et un peu aplatis. Ehrenberg pense que les paramœcides et les kolpodes sont des monades et des cyclides à un état d'accroissement plus développé.

Fig. 66, 67.	Paramœcium chrysalis
68.	aurelia
69.	oviferum
70.	marginatum

M. Pritchard ne donne aucun renseignement sur la manière de se procurer ce genre; mais Muller a trouvé les paramœcides dans les fossés parmi les lentilles d'eau, en juin, novembre, décembre, dans les mares couvertes de matières vertes, en automne ils abondent dans l'eau de mer, les marais, ils se développent aussi dans plusieurs autres infusions. C. C.

8e GENRE. — KOLPODA.

Les kolpodes varient beaucoup dans leurs formes extérieures. Les figures 80 et 89 donnent une idée générale de ce genre. Voici la définition de Muller : « Un animalcule invisible, très simple, pellucide, aplati et contourné. »

Fig.	72.	Kolpoda	lamella	(trachelius lamella, E.)
	74.		ochrea	
	89.		mucronata	
	77.		nucleus	
	73, 75.		meleagris	(amphileptus meleagris, E.)
	76, 79, 80, 81 et			
	82, 83.		cucullus	
	85, 86, 87, 88 et			
	89.		cucullulus	(loxodes cucullulus, E.)
	90.		cuculio	(cuculio, E.)
	77, 78, 84.		pirum	(trichoda carnium, E.)
	91, 92.		cuneus	

Eau salée, lentilles d'eau, eau de mer, infus. de chénevis. Le k. *cucullus*, ce curieux infusoire, se trouve l'été dans diverses infusions végétales et surtout dans les macérations de foin long-temps conservées.

9e GENRE. — GONIUM.

Les animalcules ainsi nommés forment des amas, des groupes. Leur propagation s'opère par la séparation transversale d'un individu en plusieurs autres qui, néanmoins, conservent une forme symétrique. Observés isolément, la plupart des individus ressemblent aux volvoces.

On ignore la disposition de leurs organes digestifs. Comme objets microscopiques, ces animaux sont fort curieux; ils n'exigent qu'une amplification modérée.

Muller définit ainsi le genre gonium : « animalcules invisibles, simples, lisses et de forme angulaire. »

Fig. 93. 95.	Gonium	pectorale
96.		trichina
97.		pulvinatum
98.		corrugatum
94.		truncatum vel obtusangulum.

A la surface des eaux transparentes, le *G. pectoral* se trouve souvent avec le *cercaria viridis*. On en trouve au mois de juin parmi les conferves des eaux claires, dans différentes infusions, surtout celles de fruits, de pulpe de poires.

10e GENRE. — BURSARIA.

Animalcules simples, creux, membraneux. Ils doivent leur nom à leur forme qui est assez semblable à celle d'une bourse. Ehrenberg ne décrit qu'une seule espèce de bursaire ; il n'indique pas la place que ce genre doit occuper.

Fig. 99.	Bursaria	truncatella
100.		bullina
101.		hyrundinella
116.		duplella
117.		globina

Eau de mer, dans les lentilles d'eau, les eaux stagnantes.

11e GENRE. — CERCARIA.

Suivant Muller : « animalcules invisibles, transparens, pourvus d'une queue. » Si l'on considère l'organisation intérieure de ce genre, on trouvera qu'il est extrêmement étendu. Quant aux espèces elles diffèrent tellement entre elles qu'il serait difficile de leur assigner avec exactitude des caractères généraux.

FIG. 102.	Cercaria	lemna	
103.		inquieta	
104.		turbo	
105, 109.		viridis	(euglena viridis, E.)
110, 111.		spirogyra	(spirogyra, E.)
112, 113, 122.		pleuronectes	(pleuronectes, E.)
114.		podura	(ichthydium podura, E.)
115.		hirta	
118.		tripos	
119.		forcipata	(distemma forcipata, E.)
120.		orbis	
121.		luna	
123.		crumena	
124.		lupus	(cycloglena lupus, E.)

Eaux salées, surface d'eaux stagnantes, infusions animales, *id.* de foin, conferves des sources en août et décembre, lentilles d'eau en été. Le beau *c. viridis* se prend au printemps et en été de la manière suivante : on ramasse dans une fiole à large ouverture la matière d'un vert foncé qui se trouve sur quelques mares (on la distingue des conferves et des lentilles d'eau par l'absence des filamens qui réunissent ces dernières). On transporte soigneusement cette substance avec un peu d'eau de la mare en se gardant de secouer la vase, car on précipiterait les insectes au fond et on en tuerait beaucoup. Pour les faire revenir à la surface, il faudrait placer la fiole au grand jour.

On doit encore éviter de garder dans le même vase des larves et surtout celles de cousin qui détruiraient les cercaria.

On rencontre quelquefois le *c. rubrum* parmi les *viridis*. Les eaux salées corrompues, les infusions diverses, l'eau des rivières limpides.

12e GENRE. — LEUCOPHRIS.

Caractères suivant Muller : « animalcules diaphanes garnis de cils. »

Fig. 128.	Leucophrys mamilla
127.	viriscens
126.	bursata
129.	postuma
125.	pertusa
130.	fracta
132, 133.	acuta
131.	nodulata
139.	armilla
138.	cornuta
136, 137.	heteroclita
162, 163.	pyriformis (E.)
159, 160.	patula (E.) (trichoda patula, M.)

Eaux stagnantes des marais, eau de mer en novembre et décembre, eau salée, lentilles d'eau en décembre, infusions végétales dans l'eau douce ou salée, dans les moules, dans les puits et les baquets contenant de l'eau.

13e GENRE. — TRICHODA.

Caractères suivant Muller : « animalcules diaphanes garnis de cils sur une partie seulement de leur corps. »

Ce genre est très nombreux. Il contient à la fois des animalcules polygastriques et des animalcules rotifères pourvus d'un canal digestif. Plusieurs d'entre eux peuvent être aperçus à l'œil nu.

Fig. 135.	Trichoda	grandinella	(trichodina grandinella, E.)
134.		cometa	
156, 157, 158.		sol	(actinophrys sol. E.)
154, 155.		vulgaris	(arcella vulgaris. E.)
140.		diota	
141.		floccus	
142.		præceps	
167.		gibba	
143.		ignita	
153.		forceps	
144.		index	
145.		sulcata	
164, 165, 169.		anas	(trachelius anas. E.)
37.		barbata	
146, 147.		farcimen	
148, 149.		vermicularis	
152.		melitea	
161.		ambigua	
151.		augur	
150.		clavus	
174.		gallina	
180, 181.		erosa	

175.	inquilina	
178.	ingenita	
179.	innata	
182, 186.	charon	(euplœa. E.)
176.	larus	(chætonotus larus, E.)
172.	rattus	(monocerca rattus. E.)
171.	pocillum	(dinocharis. E.)
173.	cornuta	(monostyla cornuta E.)
177.	longicauda	(scaridium. E.)

Infusions végétales, dans l'eau salée, dans les rivières limpides en décembre, lentilles d'eau, eau de mer. On a trouvé le *trichoda sol* attaché au *kerona pustulata*. Ces infusoires se rencontrent encore dans les moules, les eaux stagnantes, les infusions de limaces, de petits poissons, de larves, de foin, d'herbes, parmi les conferves. Le *t. fixa* est souvent attaché au *leucophrys signata*.

14e GENRE. — KERONA.

Caractères : animalcules munis de crochets, soies, ou appendices semblables à des cornes.

Les kerones forment la subdivision à laquelle Ehrenberg a donné le nom d'oxytrichina.

Fig. 191, 198, 177.	Kerona	pustulata	
188, 189.		patella	
187.		calvitium	
199.		histrio	(stylonychia, E.)
190.		pullaster	(oxytricha, E.)

Infus. végétales, eau de rivière, conferves, eau de mer.

15e GENRE. — HIMANTOPUS.

Animalcules transparens munis d'un bouquet de poils.

Fig. 195.	Himantopus larva	
196.	corona	

Lentilles d'eau, eau de mer.

16e GENRE. — VORTICELLA.

Ce genre est très nombreux. Muller en comptait soixante-quinze espèces, et Bruguière soixante-dix-neuf. Je suis assez disposé à croire que plusieurs des espèces décrites sont des individus semblables à divers degrés de développement. Leur organisation est très variable.

Ils sont nus, contractiles, et ont autour de la bouche des cils disposés circulairement et qui produisent un tourbillon dans l'eau. Dans quelques vorticelles, ces poils semblent exécuter un mouvement de rotation. Pour expliquer cette singulière propriété, on a eu recours à diverses hypothèses : suivant Ehrenberg, l'apparence du mouvement rotatoire est due non à une structure particulière, mais à la disposition des cils; car, ainsi que les cils vibratoires, ceux des vorticelles sont supportés chacun par un bulbe qu'ils peuvent mouvoir en tous sens au moyen de fibres musculaires, de manière que chaque cil décrit un cône dont le bulbe forme le sommet.

Si l'on regarde ces cils disposés circulairement, leur mouvement produira l'apparence d'une roue qui tourne.

Fig.			
237, 238.	Vorticella	cincta	(peridinium cincta, E.)
207.		bursata	
208.		utriculata	
209, 224.		polymorpha	
203, 205, 217, 223.		convallaria	(bellis, semila.)
211, 214.		polypina	
200, 202.		citrina	
204.		scyphina	(hamata, crateriformis.)
210.		discina	
215.		limacina	
229.		digitalis	(epistylis, E.)
212, 213.		pyraria	
225.		umbellaria	
226.		ovifera	
227, 228.		vaginata	
216.		patellina	
246, 247.		annularis	
232.		globularia	
231.		cyathina	
240.		putrina	
241, 250.		racemosa	
264, 236.		ampulla	
248.		opercularia	
249.		berberina	
235.		ringens	
253, 258, 259.		senta	(hydatina, E.)
251, 252, 255.		rotatoria	(rotifer vulgaris, E.)
254, 256.		erythrophthalma	(philodina, E.)
257.		najas	(eosphora, E.)
242.		lacinulata	(notommata, E.)

267.	longiseta	(id.)
265.	felis	(id.)
263.	tremula	
266, 274.	constricta	
230, 239.	flosculosa	
243, 245.	tuberosa	

Eau limpide, de mer, salée, lentilles d'eau à la fin de l'été, principalement sur les feuilles. Petits coquillages aquatiques, amas d'œufs, larves des insectes. (surtout le *v. convallaria*), plusieurs infusions végétales en été, eaux stagnantes, conferves et dépouilles des insectes, infusion dans l'eau de mer, feuilles de plantes aquatiques.

17e GENRE. — BRACHIONUS.

Les brachions sont des animalcules renfermés entièrement ou partiellement dans une enveloppe semblable à une coquille Ils ont comme les vorticelles des organes rotatoires et forment dans la classification d'Ehrenberg un ordre qui leur est parallèle. Dans quelques espèces, on a distinctement aperçu des yeux. Leur structure organique est beaucoup plus compliquée que celle de plusieurs animaux d'un ordre supérieur.

Les brachions ressemblent beaucoup aux *entomostracés*. Leurs dimensions et les détails curieux de leur organisation en font des objets microscopiques extrêmement intéressans.

FIG. 261, 262.	Brachionus striatus
270.	squamula

268, 269.	pala	(anuræa, E.)
271.	bipalium	
282.	clypeatus	
275.	lamellaris	(stephanops, E.)
272, 273.	patella	(patella, E.)
284, 285.	patina	(pterodina, E.)
283.	bractea	(squamella bractea, E.)
276, 279.	plicatilis	
280, 281.	ovalis	(lepadella ovalis, E.)
291.	tripos	
289.	dentatus	
298.	mucronatus	(salpina, E.)
397.	uncinatus	(colurus, E.)
294.	cirratus	
286.	passus	
288.	quadratus	
287.	impressus	
296.	urceolaris	(brachionus, E.)
292, 293.	bakeri	
300, 301.	patulus	

Eau de mer, lentilles d'eau, conferves et eaux courantes en été et au printemps, sources vives au printemps, eaux stagnantes. On trouve le *b. patulus* avec la *vorticella rotatoria*.

M. Pritchard fait remarquer qu'il est bon d'examiner certaines espèces sans les recouvrir d'une seconde lame de verre ou de mica, tels sont les *vibrions*, etc.

www.ingramcontent.com/pod-product-compliance
Ingram Content Group UK Ltd.
Pitfield, Milton Keynes, MK11 3LW, UK
UKHW021039180726
13838UKWH00004B/1897